푸른길과 옛 기찻길 동네

푸른길과 옛 기찻길 동네

광주도심철도 폐선부지 공원화 이야기

초판 1쇄 펴낸날 2007년 12월 7일

지은이 조동범
펴낸이 오휘영
펴낸곳 나무도시
등록일 2006년 1월 24일 / 신고번호 제406-2006-000006호
주소 경기도 파주시 교하읍 문발리 파주출판도시 529-5
전화 031.955.4966~8 / 팩스 031.955.4969 / 전자우편 klam@chol.com
편집 남기준 / 표지 · 내지 디자인 김사라
필름출력 오렌지 P&B / 인쇄 우성프린팅

ISBN 978-89-950969-4-9   03530

※ 이 책은 전남대학교 문화연구사업단 〈공간+일상〉의 지원을 받았습니다.

정가 9,800원

푸른길과 옛 기찻길 동네

광주도심철도 폐선부지 공원화 이야기

글과 그림 조동범

나무도시

서문

이 책은 광주 푸른길가꾸기운동본부(www.greenways.or.kr)가 기획한 '기찻길 추억 10.8㎞ 展'을 준비하면서 작업한 작은 그림과 글 모음입니다. 광주 도시철도 폐선구간이 푸른길공원으로 바뀌게 되면서 그동안 철도이설 요구로부터 시작된 주민운동이 공원 조성과정에까지 시민참여로 이어질 수 있도록 하기 위해 결성된 〈광주푸른길가꾸기운동본부〉에서는, 푸른길이 가지는 도시숲길로서의 의의와 함께 푸른길 탄생 배경이 되었던 철로 주변 주민의 삶과 도심철도의 공간적 변화 등을 조사하고 기록할 필요성을 느끼고 있었습니다. 어느 시점이 완공이라는 생각은 공원에 대해서는 있을 수 없지만, 그 공원조성도 단기간에 끝나는 것이 아니라 10년 정도 예상으로 진행되고 있고 그간의 시민참여의 과정 정리를 공원 조성 이후로 미뤄둘 수 없기에 푸른길가꾸기 백서 발간의 일환으로 전시회는 기획되었던 것입니다. 의무감에 가까운 그 막연한 생각은 철도부지가 공원으로 변모하는 과정에서 많은 분들이 제안한 "폐선부지에 좁고 긴 녹지나 산책로, 자전거길을 조성하는 데 그치는 것이 아니라 이 공간이 주변지역을 연계하는 실마리가 되어야 한다"는 내용을 배경으로 하고 있었습니다.

하지만 그것은 단기간에 이루기 어려운 일이며 궁극적으로는 도시계획이나 재개발, 공원녹지 계획과도 묶여있는 대단히 풀기 힘든 과제입니다. 또한 도시계획을 통해 공원을 결정하고 조성계획을 수립하고 시행하는 일은 자치단체의 몫이며 그 계획수립과정에서 대상지를 벗어나는, 그리고 구체적인 역할이 없는 주변지역의 일상과 문화는 계획과 설계에 반영되기 어려운 것이 관행적인 계획·설계 과정이라는 점을 고려하면 공공적인 추진에 기대하고 있을 수도 없습니다.

푸른길가꾸기 운동본부는 그간 시민참여에 의한 도시숲길 조성이라는 목표로 자문위원회를 통한 공원계획, 설계 검토, 시민헌수운동과 시설물 설치, 기념정원 조성, 시민참여의 숲 조성 활동 등을 푸른길 조성에 보태고 있으며, 2007년 현재 동구구간의 설계참여, 남광주역 구간의 객차문화관 도입을 추진하고 있습니다.

우리 도시의 근현대사에서 철로 주변 동네는 도시개발과 각종 편의로부터 소외된 지역이었으며, 도시 속의 지역을 가르는 경계공간이기도 합니다. 광주 푸른길 주변 지역도 다르지 않았습니다. 그럼에도 불구하고 철도가 폐선되고 주변 지역의 주민들이 가지고 있던 도시개발에 대한 기대감과 폐선부지를 도로나 경전철 부지가 아니라 녹지로, 나아가 도시숲길의 희망으로 바꾸게 된 것은 학자, 전문가들의 주장이나 시민단체의 활동에 의한 것만은 아닐 것입니다. 공원이 만들어지고 가꾸어져가는 힘은 철로 주변 동네의 변화와 주민의 삶을 바탕으로 시민참여와 공원조성·행정간의 파트너십이 이루어질 때 작동된다고 봅니다. 일상의 삶의 공간의 일부로서 공원이 이용되고 자기 집 정원처럼 느껴질 때 이야기가 있는 공원을 꿈꿀 수 있을 것입니다.

이 책에서는 푸른길 성립의 배경, 의미와 함께 그런 꿈의 단편들을 모아 소개하고자 합니다.

2007년 12월

조동범

차례

푸른길 공원의 지정 면적은 약 108,000㎡이지만, 폭은 10m도 못되는 좁은 데에서부터 넓어야 20m 정도이며, 따라서 요즘의 근린공원에서 흔히 볼 수 있는 운동시설, 수목식재나 수경시설 등을 찾아보기 어려운 여건이다. 그러나 공원녹지의 적이 매우 부족한 도심부 녹지로서, 열악한 환경의 주변을 감싸고 연결되는 경관이 있으며, 지역을 위한 생활녹지로서의 역할이 주변 주거재개발에 그 실마리로서 역할이 대되기에 조성과 관리에 시민참여는 공원 탄생의 의미로 다시 환원되고 있다.

1부 〉 사람들의 마음이 모여,
푸른길이 만들어지다

광주 푸른길 공원의 성립 배경과 의의

광주 푸른길은 광주 도심을 감싸며 통과하는 경전선 구간 중 광주역-효천역 간의 10.8㎞ 가 이설 결정(1995년)되고 폐선(2000년 8월)을 거쳐 그 중 7.9㎞가 공원으로 도시계획시설결 정(2002년)됨에 따라 성립한 도시공원을 말한다. 광주도심철도 폐선부지 푸른길공원이라 고 해야 그 탄생 배경을 포함하는 정확한 표현이지만 지금은 그저 푸른길로 불리는 좁고 긴 땅이다. 폭 2m 내외의 산책로가 이어지며 나머지 공간에 풀과 나무가 심어지고 가끔 소규모 광장과 만나는 단순한 구성이지만, 그 이름을 가지게 된 배경에는 1980년대부터 도심철도 폐선 요구를 둘러싼 사회적 갈등의 궤적 위로 행정과 시민단체, 철도 주변 주민 들 간의 생각의 엇갈림과 약속의 긴 과정을 딛고 전 구간을 도시숲길로 만들고자 하 는, 〈그린웨이Greenway〉로의 기대가 들어 있다.

한 때 철도는 근대 교통시설의 상징이기도 하였지만 도시 확대와 더불어 자동차 도로와의 상충, 소음피해와 인명 사고 다발로 1980년대부터 이설 요구가 본격적으로 제기되어 왔고, 철도이설 결정 이후에도 부지의 활용방안을 둘러 싸고 수많은 갈등과 논의로 이어지기도 하였다. 부지 매각이라는 광주시의 최초 방침으로부터 도로, 경전철부지 활용 등의 논란을 거쳐 푸른길로 최종 결정을 끌어낸 것은 한 때 도로나 주차장을 요구한 철도 주변 주민들의 합의와 제안에 의 참여가 결정적인 역할을 하게 되었다.

푸른길 공원의 지정 면적은 약 108,000㎡이지만, 그 폭은 10m도 못되는 좁은 곳에서부터 넓어야 20m 정도이며, 따라서 요즘의 도시 근린공원에서 흔히 볼 수 있는 운동시설, 널찍한 휴게시설이나 수경시설은 기대하기 어려운 여건의 땅이 다. 그러나 공원녹지 면적이 매우 부족한 도심부 주변을 감싸고 연결되는 녹지네트워크로 서, 열악한 주거지역을 위한 생활녹지로서, 주변 주거재개발에서의 경관적 실마리로서 그 역할이 기대 되기에 조성과 관리에 있어 시민참여는 공원 탄생의 의미로 다시 환원되고 있다.

푸른길과 옛 기찻길 동네

철 도 이 설 과 푸 른 길 로 의 변 모 과 정

도심철도의 폐선이 최초로 거론된 것은 1988년 6월부터 시작된 "도심철도이설추진위원회"의 결성과 도심을 통과하는 철도에 의해 교차로의 교통혼잡, 인명 및 차량사고, 재산권 피해 등을 호소하는 서명운동으로부터 시작되었다. 1995년 철도이설공사가 착공된 이후 광주시는 폐선부지를 일부 구간을 매각하여 신설철도 건설 비용으로 충당하려는 당초 방침을 바꿔 여론에 따라 공공목적으로만 활용키로 하였다. 그 후 광주시의 순환전철 등 지하철 1호선 건설 이후 대안노선으로 활용하자는 경전철 방안이 제시되었지만 환경단체와 주민들의 소규모 공원, 주차장 등으로의 활용 방안과 갈등을 빚기 시작하였다.

1998년 2월 폐선부지 주변 주민 300여명이 광주시의회에 "녹지조성, 공원, 자전거도로 설치"를 요청하는 청원서를 제출하였으며, 같은 해 광주환경운동연합은 폐선부지를 친환경적으로 활용하는 방안을 모색하기 위한 정책토론회를 개최하게 된다. 이후 민간단체와 지역주민이 '경전철 반대, 푸른길 조성'을 주제로 한 도심철도 이설부지 푸른길가꾸기 시민회의 창립(1999년 6월 5일), 폐선부지 경전철 도입을 반대하는 지역 1차 주민결의대회(1999년 9월 17일), 경전철 도입 반대 2차 지역 주민결의대회(1999년 9월 27일), 대보름맞이 푸른길 기원 광주 시민한마당 개최(2000년 2월), 푸른길 염원 빌딩 오르기(2000년 4월) 등이 이루어졌다. 또한 지역주민들이 자발적 서명운동을 펼친 결과 3개월만에 8000여 명의 주민서명을 받는 성과를 이루었고, 지역 전문가, 시민단체, 주민이 함께 푸른길을 염원하며 공동으로 다양한 활동을 진행하기도 하였다.

푸른길과 옛 기찻길 동네

도심철도 이설에서 푸른길 결정까지의 과정
(1995년 ~ 2000년)

1995년 12월	광주도심철도이설부지 이설공사(효천역-송정리역을 잇는 철길 공사)를 착공하다.
1998년	광주시 폐선부지에 경전철 도입 방침을 마련하다.
1998년 2월	폐선부지 주변 주민 300여 명이 광주시의회에 "녹지조성 · 공원 · 자전거도로" 설치 등을 요구하는 청원서를 제출하다.
1998년 3월	광주환경운동연합이 '폐선부지 친환경적 활용방안 모색을 위한 정책토론회' 개최하다.
1999년 6월	〈광주도심철도이설부지푸른길가꾸기시민회의〉가 창립되다.
1999년 10월	폐선부지 경전철반대 푸른길가꾸기 서명운동, 집회가 이루어지고 8,000여명이 서명하다.
2000년 2월	대보름맞이 푸른길기원 광주시민한마당이 백운동 철도변에서 열리다.
2000년 8월	광주도심철도 폐선기념 시민한마당이 남광주역에서 열리다.
2000년 12월	광주광역시장이 '폐선부지를 녹지공간으로 조성할 것'을 발표하다.

푸른길과 옛 기찻길 동네

시민참여 푸른길이 만들어지다
(2 0 0 0 년 ~ 현 재)

2002년 3월 27일	광주푸른길가꾸기운동본부 결성
2002년 3월~6월	광주비엔날레 프로젝트 4 NGO 파빌리온 운영(남광주역)
2002년 6월	광주시 폐선부지를 도시공원으로 도시계획 결정고시
2003년 12월	푸른길공원 시민참여구간 조성방안 토론회
2004년 11월	푸른길100만그루 헌수운동 캠페인 발대식
2005년 12월	2억여 원의 푸른길 헌수기금 모금
2005년 3월	대남로 푸른길 나무심기 행사
2006년 3월	대남로푸른길 시민참여구간 준공
2004년 6월	남광주역~조선대앞(535m) 구간을 남광건설이 조성하여 광주시에 기탁
2003년 8월~2005년 7월	대남로구간(1,760m) 조성
2005년 2월	백운광장-동성중 구간 2,400m 착공
2006년 10월	조선대앞-광주역 구간 실시설계 용역발주
2006년 11월	백운광장-동성중 구간 시민참여구간 내나무심기 행사
2007년 5월	백운광장-동성중 구간 시민참여구간 참여의숲 1차 준공
2007년 3, 11월	백운광장-동성중 구간 참여의 숲 내나무심기 행사

푸른길 주변의 동네들

광주 도심은 입지상 동남측의 산지형(무등산 자락과 남측의 제석산 등)이 가까이에까지 뻗어있기 때문에 단순하게 시가지 확산을 예견한다고 해도 도시근대화의 상징으로 탄생한 철도는 (아이러니컬하게도) 그 태생부터 도시 근대화와 더불어 폐선을 선고받을 운명일 수밖에 없었다. 결과론이지만, 시가지 확대와 도심을 감싸 도는 철도의 노선 구조는 도심 내외로의 자동차 교통 흐름을 어렵게 하면서, 자동차라는 또 다른 속도에 의해 그 자신이 내몰리는 원인을 제공한 것이다. 또한 건널목이라는 접점에서 철도는 자동차, 보행자와의 관계는 항상 우선 통행이라는 권한을 부여받은 절대적 존재이었기에 통로라기보다는 경계로 인식되었고, 인접한 주거지역과의 관계에서는 앞에 드러내는 공간이라기보다는 뒤로 감춰지거나 생활공간에 대해 등돌린 공간이었다는 점은 물리적, 도시·사회적 공간 왜곡의 유사 구조로 볼 수 있다.

철로 주변이 열악한 주거환경으로 남게 되는 것을 열악한 환경이 누추한

10.8km의 광주도시철도 폐선부지 통과 지역

생활수준을 만들어낼 것이라는 단순한 인과관계로 볼 것인가, 아니면 사회적 약자가 열악한 환경으로 밀려나는 사회적 불공정의 문제로 볼 것인가? 폐선부지의 활용에 대한 논란이 한창이던 1998년부터 2000년 사이에 광주시에서 추진하던 경전철 부지로의 활용방안에 대한 주민들의 반대의 목소리는 그 인과관계를 끊고 그 사회적 불공정이 고착화되는데 대한 저항이라고 할 수 있다. 그것을 담보로 성립한 역설적 이름의 푸른길, 전원적이며 유토피아적이기까지 한 그 이름에는 폐선부지라는 질문의 땅에서 도시공간의 환경적 공정성을 스스로 얻고자 하는, 공공성의 본질이 내재되어 있는 것이다.

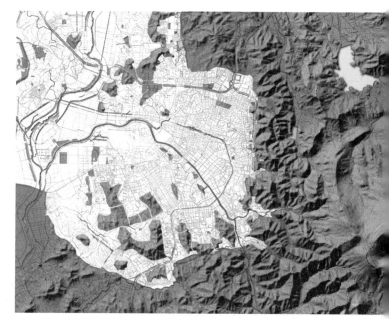

광주 도심부 시가지와 남동측의 무등산 자락

푸른길과 옛 기찻길 동네

폐선 이후 푸른길과 주변의 변화들

폐선 이후 공원조성은 구간별로 진행되고 있어서 폐선부지 자체의 변화는 한꺼번에 말할 수 없다. 철로가 걷히고 쇄석이 깔려있던 2000년경부터 인근 주민들의 텃밭으로의 활용이 늘어나면서 "거대한 길이의 도시텃밭 또는 커뮤니티 정원" 으로서도 좋지 않을까 하는 정도로 다양하고 변화있는 익명의 풍경도볼 수 있었다. 철로가 있을 당시에는 철로 양쪽 동네가 철로제방에 의해 갈려져 있다가 폐선이 되자 주민요구에 의해 제방과 굴다리를 없애고 자유롭게 횡단이 가능하게 되었다. 폭이 여유가 있는 곳에서는 공원조성까지 임시로 주차장으로 사용하기도 하는 등 어수선한 상태로 몇 년이 지나기도 한다. 아직 남아있는 철로 주변의 배수로에 고인 물에서는 모기가 번식하여 주민들은 하루빨리 공원조성이 이루어지길 기대하기도 한다. 그 모두가 변화의 과정이다.

공원이 부분적으로 조성되고 이용자가 늘어나면서 서서히 그 주변도 변화하고 있다. 공원과 면한 주택이 개조되어 식당이나 카페로 바뀌기도 하고 신축이나 개축이 이루어지기도 한다. 무엇보다 큰 변화는 주거환경정비사업이나 주택재개발이 추진되

면서 고층의 아파트가 푸른길 공원 주변으로 등장하기 시작했다는 것이다. 이는 푸른길 조성 이전부터 예측되어온 매우 우려스러운 상황이었으며 공원이 완성되기도 전에 주변 지역이 아파트 숲의 벽으로 막히는 것이 아닌가 하는 생각이 들 정도로 도심 주변의 주택개발계획이 줄을 서있다. 계림동에는 D아파트가 이미 완공되었고, 양림동에는 주공아파트 단지가 완공 단계에 와 있다. 남광주역 주변에는 35층 아파트가 들어설 예정이라고도 한다. 푸른길가꾸기운동본부는 주민, 구청, 주택재개발계획 용역사와의 워크숍을 통해 방안을 모색하기도 하였지만 근본적으로 재개발을 원하는 주민들의 기대와 최대이익을 추구하는 개발, 건설사의 계산을 뛰

2002년 계림동

어넘는 해법은 그다지 없어 보인다. 2003년에 광주시에서 수립한 푸른길 주변 지구단위계획도 과거 철도용지였을 때 그 주변에 지정되었던 15m 폭의 완충녹지 해제에 따른 토지이용계획이었지 폭넓게 푸른길 주변의 재개발지역을 대상으로 하지 못하고 있다.

소극적으로는 아파트 단지와 함께 계획되는 소공원들이 푸른길 공원 주변으로 배치되면서 나름대로의 역할을 나누거나 푸른길과 접한 녹지폭을 몇 미터만이라도 더 확보하여 푸른길의 녹지 잠재력을 더하는 정도만이 시도되고 있다.

2007년 계림동

푸른길 주변의 삶과 푸른길의 의미

푸른길 공원은 2003년 공사가 시작된 이래 2007년 현재 전 구간의 40% 정도가 완료되었다. 그간의 공원조성은 설계-시공이라는 일련의 과정만으로 이해되어서는 안 될 그 외의 것들을 포함한다. 요즘의 도시공원은 역사 문화적으로 의미가 있는 특별한 장소나 산업시설 이전지의 재생 등을 통해 등장하는 공원을 제외하면 신도시나 택지개발 등을 통해, 소위 '공급' 되는 공원만이 존재한다. 애초부터 주변이나 이용자와의 관련성이 배제되기 쉬운 방식으로 조성된다. 푸른길은 철도부지, 즉 도시와는 분리된 공간, 주변지역으로부터 등 돌린 공간에서 출발하였기 때문에 주변지역의 경계지라는 최대의 약점을 극복하고 주변지역과 관련성을 가지는 것이 초기부터 거론된 과제였다. 푸른길 공원의 미래상에 비춰보면 그것은 단지 공원에 쉽게 접근하기 위한 목적이나 녹지가 부족한 지역에 나무를 많이 심는 목적만은 아니다. 궁극적으로는 주변지역의 주민의 삶과 의식이 공원과 연계되어 도시숲길의 중요성을 공유하는데 있다. 광주도시철도 폐선부지가 생명의 푸른길로 태어나고 도시공원으로서 시민들에게 이용되고 사랑받게 된다면 그것이

거기에 심겨진 나무와 풀과 조성된 산책길과 이용시설의 편의성에 의한 것만은 아니다. 그보다는 푸른길이라는 막연한 전원적, 생명체적 이미지에 잠재된 이상적 가능성 때문이지 않을까?

공간 형식에서는 공원이라는 논리를 빌리고 있지만, 그 조성과 관리가 행정에 맡겨져 시범적 풍경화되고 다분히 피폐될 수도 있는 익명의 공공 공간이 아니라, 시민참여에 의해 조성기금이 더해지고 가꾸어지고 접촉이 가능한 생활공간으로서 일상적 이용이 유지되는 공정公庭이 될 때 그 어노니머스anonymous적 풍경의 이미지가 발현될 것이다. 폐선 이전부터 오랫동안 철도부지 곳곳에 일궈지던 주민들의 작은 텃밭들과 화단의 여유, 계절에 따라 자기 영역을 확보해가며 저절로 자라는 들풀들이 오히려 버네큘러vernacular한 풍경으로서 옛 기찻길을 보여주는 익명성이었을지도 모른다.

푸른길과 옛 기찻길 동네

도시숲길, 녹지네트워크로서의 푸른길

광주 도심 지도를 들여다보고 있으면 푸른길과 광주천의 선형이 도심의 시가지와 필시 무슨 관련성을 가지고 있는 것처럼 보인다. 마치 활과 화살의 관계처럼 보이기도 하고(광주천이 화살이라면 푸른길은 활이 될 수 있을까?), 오래된 자물쇠 같기도 하다. 그것은 단지 형태적인 유사성에 국한된 이야기가 아니라 두 도시공간에 내포된 녹지축으로서의 잠재성과 그 둘 사이의 관계가 형성하는 의미의 연상 작용에 근거한 것이다. 즉, 녹지가 선형으로 연결되어 도시를 끌어안고 그들이 연관되어 이루는 공간 속에 도시의 잠재적 힘을 잔뜩 담아둔 형국인 것이다.

도시의 생태네트워크 구축도 그와 크게 다르지 않다. 숲과 하천의 생태적 질도 중요하지만 무엇보다 현실적으로는 공간적 연계와 단위 녹지의 양적 확보로부터 시작되는 것이다. 그러기에 푸른길이 길고 선형이라고 해서 그 공간만이 녹지 네트워크의 기능을 하는 것은 아닐 것이다. 철도부지였던 좁고 긴 땅에 붙여진 푸른길이라는 이름은 그 주변에 이어지는 도심 재개발의 미래상에 따라 그 허실이 좌우될 수도 있다. 생활녹지와 공개공지 등이라는 살이 붙여질 때 생명체적 이미지의 푸른길의 미래가 있는 것이다. 푸른길의 형상을 '어머니의 치마끈'으로 부르는 또 다른 비유에도 그러한 포괄적인 의미가 포함된다.

공원녹지 비율이 도시의 타 지역에 비해 현저하게 낮은 도심부에 푸른길 공원의 출현이 그 면적상의 증가만으로는 질적 향상을 가져오지는 못한다. 가령 주거환경개선사업지구나 재개발지구에 있어 푸른길 공원과 접하고 있다면 그 접하는 경계로서의 길이 만에 그치는 것이 아니라 7.9㎞라는 공원의 전장과 접한다는 관점에서 볼 때, 푸른길 공원의 위상과 개별적인 주거환경들은 도심부의 녹지율과 녹지의 질적 측면 강화의 실마리일 수도 혹은 상충적일 수도 있다.

푸른길과 옛 기찻길 동네

녹지강화의 실마리로서의 잠재력을 발휘하자면, 푸른길 공원이 가지는 태생적인 약점인 도심 내외부와의 연계성이 약한 녹지라는 점의 해결이 전제가 되어야 한다. 재개발에 의해 확보되는 단지내 조경면적은 시설조경을 제외하면 푸른길의 네트워크 기능에 대해 소규모이지만 소위 쐐기형의 녹지가 되는 셈이다.

무엇보다도 중요하게 언급할 수 있는 점은 푸른길이 지향하는 도시숲길과 상생하면서 푸른길을

강화할 수도 있는 공간적 여유가 과거 소규모 주택지와 골목길의 환경과는 달리 가능하게 되었다는 점이다. 어떤 면에서는 골목길의 공간적 다양성과 의외성, 저층의 주택가가 가지는 알기 쉬운 스케일감 등을 상실한 대신 얻은 대가이기도 하다.

기념비적인 양상으로 변화산
옛지하 소련무역으로여서 대잡추는데 이
로 지뻐전부과지 의 례월월우성써
으로써 이단 벼역에서스써 도가 확산
그림으로 도화얼 추국구서 '동 도가
림성에 철지로 도하의 이행정실 화전
과 도에 워리의 가르로 행정상 도
그래 워기에 철로 다. 한 조 해지는과
으짜려 재구터로척의 이요 도에 해지다
우머져 하여 고 도 당임동어 1950 60
채들은 요기자서 하유구부러 성가회되기
에서 짝거(용수과 들으 오야 시지역의 1970 80
소주과자정) 등 로 점거림하이성의 모습 확
이자명체서 로 움양 하지서 지의 시가화적
(과 무릇자 허 소하를 림향그 주인구 증
채부면지 대부여 고 마 도 택주 면적
부분이다. 고 고거 마 중

2부 〉 푸른길과 주변마을, 풍경 이야기로 만나다

푸른길과 주변 마을 이야기

이 책에서 짧은 글과 그림으로 옮긴 장소들은 과거 광주 도심을 지나던 광주역-효천역간의 철로 주변 지역과 광주역이 현재 위치로 이전하기 전 구광주역(동구 계림동 동부소방서 자리)으로부터 연결되던 광려선(광주-여수) 철로길이었던 나무전거리 등 과거의 철로길 주변지역을 무대로 하고 있다. 행정구역으로는 북구 중흥동, 풍향동, 동구 계림동, 산수동, 지산동, 동명동, 서석동 등 이며, 남구 양림동, 백운동, 진월동, 송하동 등으로 이어지는, 도심부 변두리 동네들이다.

도심과 가까운 계림동, 양림동 등은 1950, 60년대 혹은 그 이전부터 시가화되기 시작하였고 그 외 지역은 1970, 80년대를 거치면서 지금의 모습을 갖추었다고 할 수 있다. 시가화라고는 하지만 대부분 도시인구 증가에 따른 단독주택 증가의 평면적 확

도면에서 ●표시된 부분들이 이어지는 글과 그림으로 이야기되는 풍경들입니다.

산이 대부분이다. 그러던 것이 1980년 후반부터 택지개발이 도시주변부의 자연녹지 등으로 확대되면서 고층아파트가 외곽을 둘러싸는 외고 내저의 모습으로 바뀌어 가는데, 새로운 주거양식으로서 공동주택의 공급확대는 도심부의 전통적인 주거환경을 상대적으로 악화시키는 결정적 요인이 되었다. 더 이상 주거환경의 개선을 기대하기 힘든 지역은 재개발이나 전면 주거환경개선사업을 막연하게 기다리며 주택관리에서도 먼 미래까지는 생각할 수 없게 된 것이다. 자동차 시대로 바뀌어가지만 화재발생과 같은 긴급상황시 소방차도 들어가지 못하며, 철도변 시설녹지에 걸린 주택은 증개축 마저 제한받고 있었던 주변 주거지역이야 말로 그 전형적인 사례였던 셈이다.

중흥동 철담길

광주역 뒤쪽 담과 접한 주거지역의 골목길이다. 철도길 담장이라는 뜻의
이름일게다. "포도시"(빠듯하게'의 사투리) 차 1대 지날 정도의 폭이다. 그러다
보니 노상 주차는 없어서 이 골목을 지나다 보면 한가로운 느낌도 든다. 광
주역 뒤 1차 순환도로로부터 이 지름길을 빠져 나가면 폐선부지가 시작되
는 지점과 만나게 된다. 종착역이기는 하지만 광주역이란 너무 넓은 것 아
닌가 하는 생각을 하면서 걷는 300미터 길이의 골목길에는 광주역 부지가
넘겨 보이는 낮은 담에 몇 년 전 그린 벽화가 이제는 빛바래가면서도 그나
마 칙칙함은 덜어준다.

기찻길 옆 옥수수밭

"기찻길 옆 옥수수밭 옥수수는 잘도 큰다."

누구라도 1절은 기억하고 있을 윤석중의 동요 '기찻길 옆'의 2절이다.

이제 오두막집은 볼 수 없게 되었어도 옥수수는 아직도 도시 텃밭의 여름을 무성하게 해주고 있다. 비록 기찻길 옆 동네의 아이들이지만 옥수수처럼 쑥쑥 커주기를 희망하는, 어려웠던 시대의 애틋함이 느껴지는 식물이다. 장마철이 지나면서 어느새 어른 키보다 키가 높아졌다.

중흥동 푸른길 옆
해바라기 4형제

폐선이 되기 전 기차가 다닐 때에는 철도부지 경계에 펜스가 있던 골목길
이었지만 지금은 집 앞을 연결하는 마당이 되었다. 꽃을 달기 전 키가 클 대
로 큰 해바라기는 철도 울타리가 있었을 때부터 매년 피었을 법한 모양새
이다.

폐선 이후로 공원이 조성되기까지 7, 8년을 텃밭으로 이용하면서 이제는
완연히 커뮤니티 정원의 풍경을 보여준다.

계림동 금호아파트가 보이는 언덕길의 접시꽃

장마가 시작되기 전 6월이면 자투리땅이며 텃밭 가장자리에는 접시꽃이 한창이다. 주택의 마당가라면 흰색이 정갈하고 차분하겠지만 동네 길이라면 눈길 가는 붉은 분홍도 지루하지 않게 해줘서 좋다.

왜 접시꽃은 꽃 색이 화려해도 촌스러운 것일까? 얼굴만 크고 화장이 진해서일까? 재개발 분위기가 동네 길에서도 느껴지는 계림동 흑산마을 언덕길의, 촌스럽지만 꼿꼿한 접시꽃들.

담쟁이 드리운 나무대문

대문은 주택의 얼굴이다. 문패에 우편함, 문패와 번지, 인구조사표, 초인종, 계량기……
대문 위로 늘어진 담쟁이 잎사귀 틈을 자세히 들여다보면 세월의 흔적, 주택의 연륜이
조금씩 보이는 것 같기도 하다.
무엇보다 이제는 찾아보기 어려운 나무로 만든 대문이다. 장식도 별로 없고 정갈하게
관리하여 온 아담한 골목길 안의 작은 나무 대문.
알알이 열매 영근 담쟁이가 오랫동안 지켜졌으면……

계림동 흑산마을 최명순씨 댁 수국

나무 대문을 들어서면 그 뒤편 그늘 속에는 옆집 벽을 기대고 수국이 소담하게 자리를 잡았다. 맥문동이며 창포, 수국, 철쭉이 풍성하고, 좁은 마당이 좁게 느껴지지 않는 골목길 가장 끝집다운 정원의 조용함이 있다.

쪽문밖 풍경

계림동 흑산마을 최순영 씨댁 깊은 마당 안쪽으로 난 쪽문밖 풍경. 문을 열면 10여미터 아래로 철도길이 내려다보이고 그 사이의 경사지 한 켠에는 20, 30여 년 전 어디에선가 날아온 오동나무가 이제는 지붕보다 높게 자라 가지를 근사하게 늘어뜨리고 있다. 이 쪽문은 푸른길 풍경을 들여다보는 액자인 셈이다. 재개발되어 주택이 사라지면 그 풍경을 보는 틀도 없어지게 된다. 그 때 그곳에서 보는 풍경은 지금과 같은 것일까?

양파 말리는 처마 밑

계림동 흑산마을 아래 폐선부지와 접한 주택의 마당이다. 대문과 뒷문이
마당을 사이에 두고 마주보고, 머리를 낮출 정도의 낮은 뒷문으로 나가면
바로 철도부지이다. 그 자투리땅에 심어놓았던 양파를 거두어 들여 말리는
중 …… 양파 뿐 아니라 상추, 대파 …… 아주머니가 금지옥엽 가꾸는 보물
밭이 그 문 뒤에 있다. 마당에 말아놓은 호스는 그 텃밭까지 닿아야 하는 길
이일 것이다. 옆집과 그 옆집 …… 모두 그 텃밭에서 만날 수 있다.

길목의 접집

새롭게 도로가 나게 되면서 주택의 일부가 잘린 듯 보이는 벽면이 있는 블록. 계림동 두산아파트 건너편의 푸른길 공원에 접한 골목이다. 지도상의 짐작으로는 광주-담양선이 지나갔던 곳인 것 같기도 하다.

철도길 주변의 동네는 건널목이 되는 길 주변 외에는 차량이 드나드는 넓은 길의 밀도가 극히 낮은, 도시의 뒷켠 공간이다 보니 나중에 길이 나면서 그 갈래도 동네가 만들어져 온 구조와는 관계가 없게 된다. 그러다 보면 도시의 뒷켠 공간에서 많이 보이는 점집이 길목에 나아 앉게 된다.

광주 화교소학교

지금은 사용되지 않는 광주화교학교의 뒷문
으로 통하는 골목. 원래는 이곳이 정문이었을
법도 하다. 계단이 있는 골목길이란 지금은
많이 볼 수 없게 되었지만 새삼스럽게 도시 안
에서도 땅의 기복이라는게 있다는 것을 느낄
수 있는 장소이다.

차양 친 길모퉁이 가게

간판도 없는 길모퉁이 구멍가게. 오랜만에 갠 날, 널어놓은 이불이 허술한 옥상을 화사하게 물들였다. 길바닥에 그려놓은 붉은 스프레이 페인트는 모종의 도시개발이 이 골목에서 이루어지고 있는 증거이다. 덧칠한 것이지만 도색한 지 얼마 안 되어 보이는 벽. 노란색도 센티멘탈해 보일 때가 있다.

무등산이 보이는 계림동 언덕

계림동 화교학교 뒤 광신맨션 옥상. 앞쪽에 히말라야시다 나무가 이어진
곳이 폐선부지이고 그 너머로 봉긋한 장원봉, 무등산이 배경이 되어 두암
동과 산수동이 펼쳐진다. 저 장원봉은 붓을 닮아 일명 필봉이란다. 그 아래
밤실골은 그래서 옛부터 인재가 많이 배출되는 풍수라고 한다.

골목 안의 텃밭정원

좁게 이어질 것만 같은 길모퉁이를 돌아서자 갑자기 공간이 넓어지고, 갑작스러운 골목길의 변화에 저절로 가벼운 탄성이 나온다. 길 한 켠으로 좁아졌다 넓어졌다 하는 텃밭이 저쪽에서 다시 길이 꺾이며 그 뒤로도 배경이 이어져 발걸음을 끌어들인다. 상추며 고추가 한창인 여름 텃밭. 지난 봄에는 노란 배추꽃에, 길가 평상 위엔 고양이가 졸고 있었을 법한, 한가하고 나른한 골목길 일상.

높은 담과 골목길

축대 위로 담이 있고 그 담 위로 옥상의 장독대와 차양, 하늘이 이어진다. 회색의 시멘트 벽만의 순수한 좁은 골목이기에 그 하늘의 표정을 그대로 받을 수밖에 없다. 그 콘트라스트가 만들어내는 묘한 분위기의 골목길이 동구 계림동과 산수동을 가른다.

왼쪽은 계림동, 오른쪽은 산수동이다

바람길 정자

저기 보이는 허술한 그늘막과 평상은 20년이나 된, 이 마을의 할머니들 놀이터이다. 폐선부지 중에서도 가장 좁은 구간을 4미터 쯤 아래로 내려다보는 곳이다. 계림동과 산수동을 가르는 산을 끊고 철도가 나는 통에 철도 양측으로 단차가 심하고 자동차도 못 들어오는 좁은 길은 철도길이 내려다보이는 막다른 길에 지은 것이다. "이래 뵈도 이 동네에서도 가장 바람이 잘 불어 시원한데야~" 하는 자랑에 기찻길 바람길 정자라는 이름이라도 붙여 새로운 푸른길 공원시설로 재생되었으면 하는 생각이 든다. 왼쪽이 주택재개발계획이 수립되고 있는 계림 5-2구역과 산수 1구역이다.

비 갠 후의 분꽃

산수동 철로길에 접한 주택 담장 밑에 심어진 분꽃
에 장마철 아침녘에 내린 빗방울이 맺혔다. 분꽃은
오후에 꽃봉오리를 닫기 전 쾌청한 여름 햇살에 어
울리는 꽃이다.

폐선부지로 내려가는 산수동 언덕길

산수도서관과 이어지는 언덕의 텃밭 사이로 난 길을 내려가면 푸른길과 만난다. 멀리 남쪽으로 농장다리가 보이고 산 쪽으로는 조선대의 건물이 보이는 맑게 갠 날씨이다. 철로변의 허름한 풍경을 가리기 위해 심었다고 하는 나무들이 옹기종기, 그나마 나무 아래 그늘 평상을 위해 봉사한다.
철도옆 경사지의 히말라야시다가 이제 가릴 것 없는 퍼런 하늘에 그로테스크한 시커먼 실루엣을 차지한다.

기찻길을 마주한 건널목 옆 작은 집

철도가 폐선되고 7년. 골목과 연결된 건널목 차단기 기둥이 아직 남아있는
산수동 굴다리 근처의, 기찻길을 마주보고 출입문을 낸 작은 주택이다. 마
당이나 정원은 따로 없지만, 문을 받치고 있는 백색의 나무기둥, 좌우로 낸
울타리 텃밭과 시멘트 흰 벽을 뚫어낸 환기구멍이 나름대로의 질서를 보여
준다. 제멋대로 자라 주택보다 커진 철도길 나무인 가이즈카 향나무도 이
질서 안에 들어온다.

무엇보다 인상적인 것은 어디선가 구해온 듯한 등나무 의자. 거의 10년간
이 집 앞을 지키는 얼굴이다. 과거 철도길의 완충녹지에 걸려있던 탓에 집
의 개축이나 증축이 힘들던 때, 오히려 기찻길과 친해지는 것이 더 현명한
생각이었을까?

난간을 따라 저 아래로 내려가면 산수동 굴다리가 있던 교차로와 만난다.

도시적인 것들

구광주역으로부터 나온 철도길이었던 대인시장 상가골목을 지나다 들어선 옆 골목.

나무로 덧댄 벽, 벽돌 위로 덧칠한 생경한 페인트, 지금은 유적이라고 해야 할……

하지만 도시에만 있는 것들…… 여인숙, 전당포, 작명소.

이 골목길의 방문자는 하루에 몇 명이나 되는 것일까?

부후腐朽나 남루襤褸라는 표현은 너무 일방적일 듯하다.

도시는 시간과 공간의 생태계. 거기에는 도태나 퇴화도 있고 그것을 받아주는 틈도 있다.

나무전거리

과거 무등산에서 잘라온 나무땔감을 팔던 거리. 담양의 대나무들이 다발로 수레에 실려와 다른 지방으로 기차에 실려 나갔던 광려선 철로길 주변. 구광주역으로부터 계림 5거리를 거쳐 난 그 길은 그대로 찻길로 바뀌어 주변에 남아있는 점포들이 철로길 모양 그대로 이어져있다. 앞에 보이는 장원봉 쪽으로 휘어져 올라가면 농장다리와 만난다. 한때 주택수요가 늘면서대 목재상도 번성했지만 지금은 문짝이나 씽크대 집이 올망졸망 이어진다. 생선을 파는 어물전, 쌀을 파는 싸전처럼 나무도 생활필수품이었던 시대부터 연유하는 길의 이름이다.

농장다리 가는 길의 점집

나무전거리에서 농장다리로 올라가는 길은
제법 언덕의 모습이다. 폐선부지를 바로 뒤편
에 두고 넓게 트이기 시작하는 동쪽 하늘에는
금세 빗방울이 떨어질 것 같은 낮은 구름에 바
람도 거든다. 하지만 저 빨래가 걸려 있는 한
절대로 오늘은 비 안 올 것이다.

동명동 골목길의 에코하우스 ECO HOUSE

나무전거리 중간쯤에서 동명동 골목길 안쪽으로 70~80미터 들어가면 만날
수 있는 풀집. 현대의 벽면녹화 생태공학 기술로도 이렇게 근사하고 공이
들어간 건축물은 만들기 어려울 지도 모르겠다. 화분을 어떻게 매달고 번
식을 어떻게 하는지의 문제를 떠나 우선 종류만 해도 200여 종류 이상이나
된다. 혼자 사시는 할머니의 힘만으로……

장미넝굴 올린 슬라브 집

집 앞 화단과 PVC 물통을 이용한 옥상정원. 감나무와 석류, 토마
토, 작약, 동백나무, 줄장미, 단풍, 철쭉, 치자나무, 담쟁이, 맥문동,
바위취…… 다 어디에서 온 것일까? 찾아보면 이런 일에 열심인
집들이 제법 있다.

계림동의 석류나무

100년은 되었음직한, 지붕보다 높은 키의 석류나무 두 그루가 있는 계림동의 주택 마당에는 떨어진 주홍 꽃잎이 가득하다. 검은 가지에 짙은 녹색의 길쭉한 잎에 어울릴 것 같지 않은 화려한, 선홍의 꽃이다. 마치 못생긴 껍질 속에 알알이 진주 같은 속살을 감춘 석류 열매처럼.

농장다리 근처 골목길

동명동 38번지와 66번지 사이의 골목길이다. 푸르스름한 색의 돌 축대를 돌아 골목을 빠져나가면 농장다리와 산수굴다리 사이의 건널목과 철도길이 나오고 그 너머가 지금은 전면 주거환경정비사업구역에 들어간 지산동 제주마을이다. 아마도 옛날 광려선 철로길이었던 나무전거리와 나중 경전선 철로길을 잇는 가장 가까운 골목길이었을 것이다. 두 철로길이 다 사라지고 이 골목도 재개발로 사라질 것이다.

농장다리와 폐선부지

동명동의 농장다리. 1971년까지는 다리 왼쪽 길 아래로 내려가면 광주교도소가 있었고 수감자들이 농장으로 작업을 나가기 위해 건넜던 다리에서 그 이름이 생겼다. 무등산 자락으로부터 야트막한 능선이 도심 쪽으로 흘러내린 지형을 타고 다리와 도로가 난 셈이어서 주변보다 높은 위치인데다 여기서부터 계림동까지는 기복만 있을 뿐 기찻길이 일직선으로 이어져 다리 위로부터는 멀리까지 조망이 가능하였다.

폐선 당시 철도부지와 다리의 높이 차이는 원래 5, 6m 이상이었는데 폐선 후 주민들의 요구에 의해 흙을 채워 바닥을 높여서 터널 높이가 낮아지게 되었다.

동구 서석동 6-21번지

골목은 주택의 출입문에 이르는 단순한 좁은 길만은 아니다. 개인의 공간과 마을공간을 이어주는 매개의 공간이자 그 주택의 매무새를 보여주는 공간이기도 하다. 따라서 골목에 놓여지는 화분이나 담 아래 좁은 땅에 심겨지는 풀들, 담과 처마들은 생활자의 손길을 보여주는 표현 요소이기에 작지만 소중하게 느껴진다.

경전선 철로길 옆, 조선대 앞의 작은 골목. 철로보다는 낮은 위치에 있었던 터라 지금은 푸른길 공원길에서 직접 내려다보이는 셈이다. 사私적인 공간과 공公적인 공간이 만나는 장소의 풍경. 푸른길을 걸으며 다양한 주택의 정원이나 골목 정원을 볼 수 있다면 그 골목들은 푸른길로 이어가는 풍경 네트워크의 리얼리티이다.

루드베키아Rudbeckia

마치 해바라기와 금계국을 섞어놓은 정도의 모양. 외국에서 들어온 꽃이지만 최근에 들어온 것은 아닌 것 같다. 적어도 1970년대에도 철도변에서 본 기억이 있다. 그런데도 이 꽃의 이름은 잘 알려져 있지 않다. 너무 평범하고 다른 꽃과 비슷해서일까? 모여 피기 좋아하고 건조에도 강하고 꽃대가 억세서 기차가 지나가면서 일으키는 바람에도 잘 견디다 보니 영명으로는 철도길 꽃Railroad Flower이라고도 한다.

배롱나무

뜨거운 남부지방의 여름과 풍토를 상징하는 나무. 여름철에 개화하는 식물들은 일반적으로 꽃 색이 그다지 화려하지 않기에 멀리에서도 금방 알아볼 수 있다. 그 꽃 색과 벗은 듯한 수피 때문에 옛날에는 점잖은 장소에 심는 것은 가렸다는 나무이다. 아이들에게는 줄기를 살살 긁어주면 간지럼을 탄다는 나무로 알려져 있다.

매미는 울어대고 바람도 없는 푸른길 아래로 얕은 집들이 지붕을 맞대고 힘겨운 듯 여름을 나고 있다.

광주여자학숙 계단

조선대학교 앞 도로인 필문로에서 남광주 고가도로가 시작되는 좌측 산 쪽의, 자주 지나쳐 눈에 익으면서도 거의 올라가볼 일이 없는 계단이다. 지금은 광주여자학숙이라는 기숙사로 사용되고 있는, 과거 춘태여상이라는 학교로 통하는 길이었다.

지금은 기숙사 입구로도 사용되지 않는다. 언덕 뒤로는 벚나무가 우거져 검은 수피의 아카시아 나무들과 잘 어울렸던 것 같다. 무엇을 기념하는지 콘크리트 옹벽에는 의미를 알기 어려운 벽화가 꽤 오래 전부터 그려져 있는데 지금은 퇴색하여 그나마 덜 두드러져 보인다.

이 언덕은 푸른길 전남대병원옆 고갯길과 마주하며 무등산 자락의 능선이 내려와 길게 뻗은 곳이다. 확실하지는 않지만 사직단, 여단과 함께 성황단이 있던, 3단의 터라고도 한다. 땅의 모양새가 있기에 중요한 장소로 쓰였을 것이다.

푸른길 학강 고갯길

푸른길공원 구간중 조선대학교 앞 필문로에 접한 곳이다. 푸른길 공원을 걷다보면 이 곳 만큼은 옆길로 벗어날 수 없다. 한쪽으로는 1차 순환도로 필문로와 남광주 고가도로가 있고 다른 한쪽으로는 전남대병원이 있어서 300미터 이상은 주거지역이나 골목과 접하고 있지 않기 때문이다. 필문로 너머 조선대병원 언덕이 있어서 기찻길이 나기 전에는 능선으로 연결되어 있던 것이 길이 나면서 잘리고 평지가 되었다. 풍수로는 학의 목에 해당되는 곳을 그렇게 한 셈이란다. 원지형을 되돌리는 것은 어렵더라도 좁은 푸른길 부분만큼이라도, 야트막하지만 고갯길로 하자는 제안이 받아들여지게 되었다. 전남대학교 부속병원 쪽으로는 사시나무나 벚나무 등이 좋았지만 최근에 주차장 건물이 들어오면서 조금 허전해졌다.
흙길의 좁은 고갯길이라 기찻길을 연상하기는 어렵다. 이 길을 넘어 작은 구비를 돌아가면 남광주역이 나온다.

남광주역

기차가 다니던 시절 순천, 벌교의 아낙들이 꼬막, 장어를 함지박에 싣고 남해바다 이야기를 새벽시장에 풀어놓던 곳. 광주천 철교 너머로 그날의 막차가 떠나고 선로 위로 땅거미가 길어지면 한적해진 남광주 역사에 배인 비린내마저 정겨웠던 곳. 도시철도가 폐선되고 그 땅이 어떻게 되어야 하느냐를 두고 설왕설래 의견이 분분하던 2002년경, 길다란 폐선부지에는 '질문의 땅' 이라는 제법 무게있는 명제가 붙여지고, 2002년 광주비엔날레 때는 건축, 미술, 조경가들이 '접속' 이라는 주제로 현장전시를 하고 많은 사람들의 발길이 닿았을 때는 한동안 설레기도 했었다.

2000년 폐선 후 관리부실로 우범지대화된다는 기사가 나가자 그 단아한 역사도 밤사이에 뜯기고 말았다. 계단 아래 남광주역사가 있던 자리는 시장의 주차장으로 바뀌었다.
남광주역은 푸른길 전체 구간에서 중간쯤 위치한다. 1차 순환도로 필문로, 대남로가 지나가고 화순으로 가는 남문로와 광주천, 지하철 1호선이 지나간다. 앞으로 경전철 2호선도 지나갈 계획이라고 하는 중요한 길목이다. 푸른길과 주변 도시변화가 어떻게 묶일지 또 한번 가슴 설레일, 질문의 땅······

남광주 철교

녹슬어가는 철교. 물때 묻은 교각. 양쪽으로 끊겨진 다닐 수 없는 철다리.
"미관상 좋지 않으니 철거하자", "디자인을 입혀서 개선하자", 이런 저런
말은 많아도 오늘도 여전히 그 모습 그대로이다.
옛날 기차를 건너게 했던 것처럼 언젠가는 사람들을 건너게 해 줄 다리로
바뀌겠지만, 폐선부지의 흔적을 찾아볼 수 있는 거의 유일한 장소이기에,
바란다면 온전하게 그 모습대로 재활용되어도 좋을 듯 하다. 그래도 지금
까지 남겨져 있는 것은 눈만 닿고 손이 닿지 않았기 때문인지 모른다. 어쩌
면 그림으로도 표현할 길 없는, 건너편 "폐허의 숭고미" 이다.

호박꽃

호박꽃이 필 때는 함부로 밭에 들어가지 말아야 한
다. 꽃이 떨어지면 호박도 없기 때문이다. 젖은 시
멘트 담 아래 자투리땅의 호박밭. 누구도 예뻐라 하
지 않아도 주인에게만은 안 그렇다.

능소화와 붉은 벽돌담 골목길

한창이던 능소화가 질 때쯤이면 장마철이다.

양림동의 붉은 벽돌담 위로 핀 능소화의 주황색 꽃잎이

골목길에 떨어져 같은 색의 자전거와 어울린다.

골목길에서 발견하는 작은 조화일까?

빛바랜 차양이 쳐진 마당

지붕과 처마에 전통을 취한 가옥구조에 생활편의를 위해 부가된 타일이나 함석 물통 등 근대적인 소재가 만나 독특한 분위기를 보여주는 1960, 70년대의 도시주택. 양림동 양림교회 부근이다. 그 전부터 살던 초가집으로부터 개축되었겠지만 집을 지은 이후에도 작은 변화는 끊임없이 일어난다. 비가 오면 마루로 들이치고 질척거리는 마당이 불편했을 것이고, 마당이 시멘트 바닥이 되면서 나무도 여름철에는 더웠을 터…… 마당을 거의 가릴 만한 넓은 차양과 세멘 마당이 기후에 대한 적응을 보여주는 증거이다. 세탁기와 수돗간은 가까이서 나름대로 역할을 하고 있는 듯……

푸른길과 옛 기찻길 동네

양림교회가 보이는 길

푸른길 대남로 구간의 북쪽 동네 양림동. 근대 기독교 문화를 찾아볼 수 있는 양림동의 길. 선교사 주택이나 기념관 등이 있지만 그래도 가장 대표적인 풍경은 양림교회가 보이는 이 길에서 시작되지 않을까?

장미덩굴 올린 슬라브 집

집 앞 화단과 PVC 물통을 이용한 옥상정원. 감나무와 석류, 토마토, 작약, 동백나무, 줄장미, 단풍, 철쭉, 치자나무, 담쟁이, 맥문동, 바위취…… 다 어디에서 온 것일까? 찾아보면 이런 일에 열심인 집들이 제법 있다.

골목길의 수퍼마켓

호남신학대학교 건물이 올려다 보이는 양림동 골목길. 모습 그대로라면 '미니' 마켓이어야 하지만 건물의 모습도 재미있는데다 인접한 골목길이며, 무엇보다 주변에 가꿔놓은 화분들이 풍성해, 마을의 근사한 랜드마크가 될 법도 하다. 그래서 '수퍼' 다.

푸른길 주변에서 보이는 나무들... 무화과

"아직은 못 먹어~!' 보이지는 않는데 담 너머 어디에선가 아주머니가 소리 치신다. 손에 닿을 만큼 처진 굵은 가지에 애기 주먹만한 무화과가 먹음직 스러워 저절로 손이 가지만, 아직은 철이 아니란다. "익으면 와 잉……" 하 시는 말씀에 골목길로 뻗친 가지가 지나는 사람에게는 인심 좋게 보인다. 광주의 도시주택과 가장 잘 어울리는 나무……

우일선 선교사 사택

근대 일제 강점기에 기독교가 선교되기 시작하면서 지어진 선교사 주택 중 거의 유일하게 남아있는 건물. 1910년대 무덤이 많았던 험한 양림동 언덕 일대에 선교사 주택이 들어서고 그들이 심은 나무들이 지금은 짙은 숲이 되었다. 회색벽돌과 짙은 숲, 독특한 백색의 2층 일광욕 테라스…… 근대 광주의 기독교 문화답사에서 빠질 수 없는 장소이다.

KTH가 나오는 영화 로케이션 장소로 캐스팅되기도 하였다고……

커티스 메모리얼 홀Curtis Memorial Hall

남구 봉선동이며 백운동이 시가화 되기 전 1960, 70년대 경전선을 타고 백
운동을 지나 남광주역으로 향하다 양림동 언덕 위로 수피아 여고의 건물들
이 보이면 비로소 광주에 들어서는 느낌이 들었다고 한다. 직선거리로는
200여 미터 남짓. 하지만 지금은 건물들에 가려져 그 이야기가 신기하게만
들린다. 경사지를 이용하여 단아하고 차분한 회색벽돌의 유진벨 기념관.
2005년 근대문화유산으로 등록되었지만 보수와 관리를 걱정해야 하는 처
지의 이 기념관의 모습도 그 한편을 차지하던 근대 광주의 철도길 풍경이
었을 것이다.

유진벨(한국명 배유지)은 일제 강점기 한국에서 기독교 선교활동을 한 미국선교사로서 수피아여고의 설
립자이다.

푸른길과 옛 기찻길 동네

윈즈버러 홀 Winsborough Hall

수피아 여중의 본관 현관이다.

1927년 미국 남장로교 부인회 생일헌금을 희사 받아 건축한 것으로 1910
년대의 수피아 홀에 이어 두 번째 교사라고 한다.

학교종이 아직 매달려 있다. 옛날에는 주변 동네 골목길까지 울려 퍼졌을
듯하다.

WINSBOROUGH HALL

푸른길 대남로 구간

푸른길 대남로 구간 1.7km의 중간쯤 되는 미래아동병원 건너편 소광장과 보도이다. 푸른길이 조성되기 전 철도와 대남로 차도 사이에는 심은 지 15년이 넘은 느티나무 가로수가 근사한 터널을 만들어주고 있어서 푸른길공원 조성에서도 그늘에 견디는 하부 식물이나 이와 어울리는 나무들로 계획되는 등 바탕이 되었다. 푸른길 조성시 이 보도 포장을 줄이고 공원과 하나의 공간으로 계획되기를 기대했지만 무산되었다. 철도가 폐선되자 구청에서 서둘러 차도를 개설하는 바람에 위험스러운 경사로가 푸른길을 가로지르고 있다. 이 길로 올라가면 수피아여고, 광주기독병원과 연결된다.

대남로 구간 조성시에 시민참여의 일환으로 설치된 벤치에는 기증자의 명패와 기증문구가 기록되어 있다.

백운광장과 백운고가도로

백운광장은 광주와 나주, 목포 방면으로 연결되는 국도 1호선에서 광주 도심부를 벗어나는 중요한 길목이다. 1980년대 말 국도와 교차하여 1차 순환도로가 개통되고 이후로도 2000년까지 경전선이 고가도로 아래를 통과하면서 자동차들이 기차가 지날 때 건널목에 길게 늘어서 기다리는 모습은 오래 전의 일이 아니다. 무슨 용도인지 모를 노면에 매입되어 있는 금속판은 과거 철도가 지나던 선과 일치한다. 이제 철로도 걷어지고 이 광장에 의해 단절된 푸른길 공원 대남로 구간과 주월, 진월동 구간이 서로 이어질 꿈을 꾸고 있다.

지역 주민들의 민원을 시가 받아들여 재가설 예정이던 고가차도 계획을 철회하고 교차방식을 변경하기로 하여 이제 이 고가도로도 사라지게 되었다. 푸른길 공원을 걷거나 자전거를 타고 자유롭게 이 광장을 건널 수 있는, 사람을 위한 광장이 되는 날이 올 수 있을지도 모르겠다.

기찻길 비오톱

철도를 따라 있던 콘크리트 배수로를 그대로 살린 진월동의 푸른길 구간. 비 온 후 자박자박한 정도 깊이의 물에 개구리밥이 있길래 무심코 들여다보았더니 산개구리 수 십 마리가 이리저리 도망치려고 한다. 이곳에서 부화하여 올챙이 때부터 큰 놈들일까?

배수로 높이는 60센티미터 밖에 안 되지만 직벽이라 점프를 하기도, 기어오르기도 불가능해 보인다. 간신히 흘러드는 물구멍 아래 엉겨붙은 물이끼를 길 삼아 탈출구를 살피고 있다. 주변에는 벽을 타고 자란 비름이 물을 찾아 뿌리를 내린다. 이런 곳에서도 비오톱이 존재한다!

이곳에서 얼마 멀지 않은 진월동 구간의 철도 부지를 따라서는 금당산에서 내려오는 물이 흐르는 폭 3m 정도의 개천이 있었지만 생활하수가 유입되면서 냄새나고 모기가 들끓는다는 이유로 폐선 후 복개되어 버렸다. 수질만 개선되면 잠자리 유충이나 올챙이가 모기 유충을 잡아먹고 또 이들을 노리고 새들이 날아오기도 하는 모습을 볼 수도 있을텐데……

푸른길 주변에서 보이는 꽃들... 도라지

요즈음 텃밭에는 도라지도 많이 심는다. 파란색과 흰색의 꽃들이 어지럽게 피었다. 아무렇게나 피어도 세련된 플라워디자인 부럽지 않다. 여름철 커뮤니티 가든에 잘 어울리는 꽃이다.

주민참여의 숲

백운광장과 동성중고 간 2.4km 푸른길 공원 중 시민헌수기금으로 조성해가고 있는 800 미터 길이의 시민참여의 숲이다. 이 구간은 애초 광주시의 설계에서부터 비워져 있어서 400m가 2006년과 2007년에 걸쳐 조성된 것이다. 포장과 같은 시설물은 광주시에서 시행하고 나무심기는 푸른길가꾸기운동본부에서 설계한 후 헌수기금으로 직접 공사입찰 공고하여 시행하였다. 이곳은 흔히 보는 도시공원의 나무심기와는 달리 매우 조밀하게 심겨진 듯하지만 자연의 숲을 재현하는 "생태군락식재" 개념을 시도하여 자연에 서처럼 나무들이 서로 경쟁해가며 시간이 지나면서 키 큰 나무와 키 작은 나무들이 자연의 숲과 같이 층이 있는 숲을 이루도록 나무 종류와 간격이 설계된 것이다. 나무 아래는 잔디가 아니라 잘게 부순 나무파편을 깔아 잡초가 침범하지 않고 관리를 적게 할 수 있다.

식재공사를 할 때도 '내 나무심기' 행사를 통해 가족, 친구, 직장동료, 신혼부부 등이 참여하고 그들의 이름이 나무이름표와 함께 기록되어 있다. 그들이 심은 나무가 숲길을 만들고 그 아래에서 또 다른 식물이 자라나고, 곤충과 새들이 숨어들 수 있는 장소가 되어 인간과 자연이 공존하는 도시숲 푸른길을 만들고자 하는 희망의 길이다.

송암공단 세차장

효천역으로 가는 폐선부지 주변의 세차장. 송암공단내 남선연탄 공장 근처 트럭 세차장이어서 인지 그저 어둡다는 느낌뿐이다. 기름 뜬 바닥의 물기 위로 파란 하늘이 더 파랗게 비쳐 보인다.

화방산이 보이는 남선연탄 공장

지금은 그다지 수요가 없어진 연탄공장. 송암공단의 남선연탄 공장이다.
철도수송에 크게 의지할 수밖에 없던 과거 효천역을 이용하는 화물 물동량
의 상당한 부분을 차지하기도 하였다. 시커먼 하천을 사이에 두고 폐선부
지와 석탄산이 마주보인다. 작업하다 두고 온 빨간 포크레인, 석탄산 뒤로
화방산이 그야말로 산 같은 모습으로 내려다본다.

진정한 기찻길 쇄석

경전선이 폐선되고도 한동안 폐선부지에 깔려있던 쇄석들. 공원을 조성하기 전 사람들이 통행하기 힘들다고 그것도 치워져 이제는 보기 힘들게 되었다. 기차에서 떨어진 기름이 묻고 오랜 세월에 풍화되어 특유의 검붉은 기운이 도는 것들이 제대로 된 철도 쇄석이다. 남구 효천역 주변의 폐선 구간에서 무슨 귀한 것인 양 주워 온 것들이다.

후기와 감사의 글

마지막으로는 푸른길에 시를 주신 김준태 시인과 이지담 시인의 시를 소개하는 것으로 후기를 대신하였으면 합니다.

김준태 시인의 〈푸른길을 노래함〉은 2002년 광주비엔날레 현장전(접속) 장소인 남광주역 폐선부지에서 푸른길가꾸기운동본부 결성식이 있었는데 "푸른길가꾸기 원년에 부쳐"라는 부제로 주신 시입니다. 이지담 시인의 〈이사〉라는 시는 2007년 봄 시민참여구간의 나무심기행사에서 직접 낭독해주신 시였습니다. 도시에 나무를 심고 도시숲을 만들고자 하는 본질적인 의미를 나무의 입장에서 새삼스럽게 새겨 볼 수 있는 좋은 시라고 생각합니다.

푸른길을 노래함 _ 김준태

참말로 좋네
광주에는
푸른길이 있어서 좋네
나무들이 서로 모여 살고
새들이 그 나무들 속에 집을 짓고
아이들이 나비처럼 내려앉는 옛 기찻길

광주에는
푸른길 푸른 마음 출렁출렁 좋네
할머니가 아장아장 손자 녀석 등에 업는 길
할아버지가 손자 딸 앞세워 소년인양 걷는 길
지어미와 지아비가 늙을 줄 모르고 걷는 길
젊은이들이 휘파람 불며 자전거로 달리는 길

광주에는
푸른 나라로 열려진 길이
푸른 세상으로 열려진 길이 펼쳐져서 좋네

봄여름가을겨울 음악이 흐르듯
햇살과 달빛 받아 넘실넘실 강물 흐르듯
연인들 가슴도 풍선처럼 둥글게 부풀어오르는
빛고을 광주라 아름다운 옛 기찻길

보기에도 참 좋네
걸어가 보면 더욱 더 좋고 좋네
이웃끼리 손잡고 걸으면 참말로 신명이 나네
나무와 꽃과 새들이 노래하는 푸른길 푸른광주!

이사 _ 이지담

하루에 몇 번 씩 기차 한 마리 달려오는 소리에 오금이 저렸던 사람들 찾아
우리는 위, 너희는 아래라고 그어놓은 평행선을 지우기 위해
집이라고는 달랑 숲의 말씀 하나들고 나무들 이사를 온다

따로 선 그을 일 없고, 너와 나의 경계도 없는 나무들
탐욕스럽게 입 벌리고 반기는 구덩이의 먹이가 된다
뿌리 끝에 정신을 바짝 매달고, 터 잡은 대로 팔 벌려 품을 넓힌다

발사 준비된 우주선 같은 아파트와 건물들의 야성을 길들일 수 있을지
뱉어내고 있는 거친 콘크리트 언어를 되새김질하여 풀어내리라

사람들 순하게 말붙여 올 때까지
너와 나의 경계를 허물고 서로 손잡는 숲이 될 때까지

이 책의 내용은 지방도시의 좁고 긴 철도길 공원과 주변의 마을들에 관한 것이어서 독자들에게 어떻게 받아들여질지 두렵고 내용도 사적인 감상이 위주가 되지 않았는지 또 두렵습니다. 로컬의 문화도 소중하다는 것으로 이해해주시길 바랍니다. 기꺼이 출판을 지원해주신 나무도시의 오휘영 교수님과 남기준 부장님께 감사드립니다.

철도길 답사팀의 공동체 모닥 최봉익 선생님, 화가 정선휘 선생님, 광주시청 주택건축과 강권 선생님, 푸른길가꾸기운동본부 이경희 국장님, 이순미 건축사님, 문화활동가 김미향 선생님, 금계시문연구회 민판기 선생님, 지역신문 〈광주드림〉 조선 기자께 감사 말씀을 전합니다.

※ 광주푸른길가꾸기운동본부 홈페이지(http://www.greenways.or.kr)를 방문하시면 푸른길에 관련된 보다 자세한 내용을 제공하고 있습니다. 아울러 2007년 12월에 묶어내는 답사자료집 "철길의 흔적을 걸으며 미래를 그리다"도 참조해주시길 바랍니다.